老纪先生 著/绘

人生不要太着急

人民邮电出版社

北 京

图书在版编目（CIP）数据

人生不要太着急 / 老纪先生著、绘. -- 北京：人
民邮电出版社, 2024. -- ISBN 978-7-115-65055-9

I. B821-49

中国国家版本馆 CIP 数据核字第 2024J4Z022 号

内 容 提 要

　　这是一本深刻探讨生活哲学和个人成长的绘本，为读者呈现了一种平和而深刻的生活观。卷一倡导在追求目标的同时，保持内心的宁静，避免过度自我施压。卷二鼓励放下过去的负担，学会释怀，向前看，以一种更积极的心态面对生活。卷三指出要珍惜时间，追求有意义的生活，而不是在无谓的讨好和迎合中虚度光阴。卷四强调了独立的重要性，即使在孤独中，也要找到前行的力量和勇气。

　　本书不仅是一本关于如何生活的理论指导书，更是一本实践指南。它引导读者该如何在都市的喧嚣中找到一片属于自己的宁静之地，如何在压力之下保持冷静和理智，如何在人际关系中保持自我，不失去个性。通过阅读本书，读者可以学会如何在快节奏的生活中找到平衡，如何在挑战面前保持坚韧，以及如何在孤独时找到安慰。它引导读者采纳一种更加和谐、健康、充实的生活方式，让读者明白生活不仅是生存，还应成为一场美好的旅行。

　◆　著 / 绘　老纪先生
　　　责任编辑　张玉兰
　　　责任印制　陈　犇

　◆　人民邮电出版社出版发行　　北京市丰台区成寿寺路 11 号
　　　邮编　100164　　电子邮件　315@ptpress.com.cn
　　　网址　https://www.ptpress.com.cn
　　　北京宝隆世纪印刷有限公司印刷

　◆　开本：880×1230　1/32
　　　印张：7.25　　　　　　　　　　2024 年 10 月第 1 版
　　　字数：250 千字　　　　　　　　2025 年 6 月北京第 4 次印刷

定价：69.80 元

读者服务热线：(010)81055410　印装质量热线：(010)81055316
反盗版热线：(010)81055315

前言

很多压力的滋长是无声的。那些源于职场、生活、内心隐痛的压力，会在某个时刻达到顶峰，让人感到细细密密的疼痛。背负压力的人可能看起来很轻松，实际上内心已经千疮百孔。

在身体方面，我们或许需要早上的一碗热粥、午后的一杯清茶、晚上那顿焦香美味的烧烤。而在精神世界中，我们需要温暖、舒适的感受。

这本书，先治愈的是我自己。一幅幅小画、一行行文字，都是我独自望着窗外，慢慢找回自我的"治愈日记"。本书构建的是一个极其简单平凡的世界，在这个世界里，人们可以不那么着急，可以慢下来，可以静下来，可以接受事与愿违，亦可以接受问题根本无解。

治愈不仅是抚平伤痛，更是一种内心的成长与蜕变。希望本书能够成为你的枕边书。在你焦虑、迷茫、痛苦的时刻，随手翻几页，让几行文字、几幅小图，激发你的一些灵感，带给你一些提示，从而给你的人生旅途提供一束光、一丝慰藉，照亮你前行的道路，帮助你重新找到力量与希望。

老纪先生

2024年6月20日

目录

【卷三】

人生很贵，别浪费

【卷四】

一个人走，也无妨

卷一

人生不要太着急

人生不要太着急

在这个快节奏的时代，我们似乎总是被时间追赶着，

急匆匆地奔波于生活的琐事之中。

我们渴望成功，渴望成就一番事业，渴望早日实现自己的梦想。

我们只顾着奔向目标，却忘记了欣赏沿途的风景。

生活不仅是为了追求结果，更是为了享受过程。

人生不仅是
为了追求结果
更是为了享受过程

慢下来
不是为了停滞不前
而是为了更好地前行

路途中的风景、遇到的人、经历的事，都是构成我们人生的重要部分。

享受人生的过程，才是我们人生的意义所在。

人生不要太着急，要学会慢下来。

慢下来不是为了停滞不前，而是为了更好地前行。

慢下来是为了更好地思考，更好地规划，更好地准备。

慢下来是为了在人生的道路上走得更稳、更远。

人生不要太着急
慢慢来
才有意义

人生是一场漫长的旅行，不必太着急，我们要享受人生，
不要只盯着结果，匆匆忙忙地过完一生。
让我们以平和的心态面对人生的起伏和得失，
不因急躁而错失良机。
让我们放慢脚步，欣赏路途中的风景，感受人生的美好。
让我们用心去感受每一个瞬间，珍惜每一次遇见。

你一定要努力，但千万别与自己较劲

我们常被鼓励要努力奋斗，要追求更高的目标，

仿佛只有这样，才能证明自己的价值。

在这个过程中，我们往往容易陷入一种误区：与自己较劲。

这种较劲，不仅让我们身心俱疲，

还让我们失去生活的乐趣，陷进疲惫和焦虑的双重旋涡，无法自拔。

一定要努力
但千万别
与自己较劲

让努力成为
生活的一部分
而不是生活的全部

努力，是一种积极向上的态度，是对生活的尊重和热爱。

但努力不等于与自己较劲。

不与自己较劲，并不是放弃追求或降低标准，

而是把目标调整到一个适合自己的高度，

让努力成为生活的一部分，而不是生活的全部。

欣赏自己的努力，享受每一次进步带来的喜悦和成就感。

在追求梦想的路上
要欣赏沿途的风景
享受努力的过程
感受生活的美好

无论何时何地，无论面临怎样的挑战和困难，都请记住：
一定要努力，但千万别与自己较劲。
让我们以一种更理智、更成熟的态度去面对生活，
在努力中找到平衡，让身心得到充分滋养。
在追求梦想的路上，要欣赏沿途的风景，
享受努力的过程，感受生活的美好。

坚定，努力，安静

人生的道路如同那起伏的山峦，时而平缓，时而陡峭。

在这漫长的旅程中，

坚定，如同那矗立在风雨中的岩石，任凭岁月沧桑，始终屹立不倒；

努力，如同那潺潺流水，不断地向前奔流，从不停歇；

安静，如同那夜空中的明月，静静地照耀着大地，给人宁静与慰藉。

坚定使我们
在迷茫中找到方向
在困境中坚定信念

努力使我们
在荒芜中播种希望
在收获中感受喜悦

坚定是我们心中的明灯，照亮前行的道路，
使我们在迷茫中找到方向，在困境中坚定信念。
努力是我们手中的犁铧，耕耘在希望的田野，
使我们在荒芜中播种希望，在收获中感受喜悦。
安静是我们内心的净土，远离喧嚣与浮华，
使我们在纷扰中保持清醒，在疲惫中寻得安慰。

坚定、努力和安静，三者相辅相成，共同构成了我们人生的基石。

在坚定中找到方向，在努力中实现价值，在安静中品味生活。

让我们带着这三种品质，前行在人生的道路上。

只要我们坚定信念，努力拼搏、内心宁静，

就一定能够迎来人生的美好与辉煌。

安静使我们
在纷扰中保持清醒
在疲惫中寻得安慰

如果，事与愿违

有时候，我们会感到无助和失落，觉得仿佛一切都在与我们作对。

要相信，每一次的失败和挫折都是我们的人生考验，也是我们成长的机会。

我们要勇敢地面对，并从中总结经验。

如果事与愿违，请学会接受现实，并从中吸取教训。

如果事与愿违
请学会接受现实
并从中吸取教训

人生并不是一帆风顺的，这是我们都必须面对的现实。

要相信，无论遭遇什么困难和挫折，

只要我们坚持不懈地努力，就会迎来更好的明天。

我们要用乐观的心态去面对一切。

如果事与愿违，请不要失去希望，要保持自信和勇敢。

如果事与愿违
请相信一切都会
有更好的安排

在人生旅途中，我们不知道会遇到什么挑战。

但是，我们要相信，等待我们的会是更好的安排。

我们要做的是，保持积极的心态，

用信心和勇气去迎接未来的挑战，

坚信心中的目标正在一步步靠近自己。

如果事与愿违，请相信一切都会有更好的安排。

人教人，教不会；
事教人，一次成

人教人，不如事教人。

这并不是说人的教导没有价值，而是强调了一种被动的、间接的学习方式。

没有亲身经历过，只是听取他人的意见和建议时，

往往无法深刻体会到事物的内涵和实质，

无法真正感受到其中的酸甜苦辣，也无法将那些意见和建议转化为自己的智慧。

人教人
不如事教人

相比别人的教导，亲身经历一些事情，则是一种更为直接、深刻的学习方式。

尤其是那些悲痛、刻骨铭心的经历，

往往会让我们更加深刻地理解其中的教训和意义。

亲身经历是我们了解生活真相和领略人生智慧的最直接的方式。

听过许多道理
却依然过不好
这一生

虽说苦口婆心的教导，不如亲身经历一次学得快，记得牢，
但生活中的很多事情我们无法亲身经历，我们也不可能去犯所有的错误。
因此，要善于借鉴他人的经验，结合自己的实际情况进行学习和思考。
只有这样，才能以最小的代价，实现自我成长和提升。

要善于借鉴他人
的经验
结合自己的实际情况
进行学习和思考

生活中，很多事根本无解

【卷一】

人生不要太着急

生活中，总有些事似乎是无解的。

它们如同那远方的山峦，云雾缭绕，看似近在咫尺，实则遥不可及。

人们穷尽心力，想要解开其中的谜团，却往往只得到一片迷茫与无奈。

这就如同一段情感纠葛，两人相爱，却出于种种缘由无法相守。

生活中，很多事
根本无解

慢慢来, 踏实点
一切都会变好的

生活中, 我们总会遇到一些无解的事情。

我们试图找到解决之道, 却发现每一次努力,

都如同打在棉花上的拳头, 无力而沉重。

那些看似简单, 实际深不可测的问题,

始终困扰着我们。

很多事情, 就是无解, 让人心痛又无奈。

面对无解之事
不要过于
纠结与执着

面对无解之事，不要过于纠结与执着，
可以换一种方式去看待它们，
把它们当作生活中的一种考验，来提高自己的处事能力。
无解之事，让我们学会接受现实，学会放下执念。
在无解之中，寻找属于自己的答案与力量。
用一颗平常心，去面对它们，去接纳它们。

先谋生，再谋爱

我们都渴望找到属于自己的幸福，但在这之前，必须先学会谋生。

谋生，是立足于社会的基石。

有了稳定的经济基础，才能为自己和家人创造更好的生活条件，

才能拥有更多选择，才会更加自由，才能去追寻热爱和向往的事物。

先谋生

再谋爱

爱情只有在
稳定的经济基础
和成熟的心智之上
才能茁壮成长

爱情是美好的情感，是生活中的甜蜜调味品。

爱情，让我们感受到生命的温暖和力量，

让我们在彼此的陪伴中共同成长，

让我们的生活变得更加丰富多彩。

但爱情只有在稳定的经济基础和成熟的心智之上才能茁壮成长。

先努力谋生，为生活打下坚实的基础，

再去追寻那份属于自己的美好爱情。

在追求爱情的同时，不要忘记生活的本质，不要忘记自己的责任和担当。

我们要在爱情中坚持独立自主，不要过分依赖对方，

同时，尊重对方的独立性和个性。

在爱情中
要坚持独立自主
不要过分依赖对方

说话时，心中要有把尺子

俗话说，"良言一句三冬暖，恶语伤人六月寒"。

言语既能温暖人心，又能伤人至深。

我们在与人交往时，心中要有把尺子，

量一量自己的话语，看看是否合适、是否得体。

在表达意见时，不妨先思考片刻，斟酌一下言辞，

避免出口伤人。

言语
既能温暖人心
又能伤人至深

用温和的态度、柔和的语气沟通，是人际交往中最基本的修养。

说话精准而恰当，行事才能顺利。

说话有分寸和节制，既是一种修养，又是一种智慧。

说话不仅是一种交流方式，还是一个人素养的体现。

说话不仅是
一种交流方式
还是一个人
素养的体现

讲话要有分寸，做事要有尺度。

在与人交往中，要多倾听，考虑他人的感受，尊重他人的意见。

与人交流要把握分寸，不要口无遮拦，伤害别人。

让我们在表达中展现修养和智慧，在行动中彰显坚定和自信。

凡事，不要败在嘴上

古人云："日出千言，不损自伤。"

有时候言语是极度消耗精力的。

很多人，往往败给了自己的那张快嘴，

事情还没弄明白，自己就沉不住气了。

原本雨点大的事，不说话，事情就过去了。

有的人偏偏要争一时意气，最后小事化大，白白消耗自己的能量。

日出千言

不损自伤

凡事静下来想一想，先看看自己的内心，

再想想别人的需求，思考一下事件的本质。

对于那些不甘、怨怼，一旦想透了，就会发现，它就只是件小事。

对于有些难事，先别说话，冷静一段时间，事情往往就会出现转机，

实在不必言语相争，徒增负担。

那些不甘、怨怼
一旦想透了
也就那么回事

凡事
不要败在嘴上

有时候"闭口禅"就是最好的修心之道。

闭口才能静下心来，放下纷扰，远离是非尘嚣。

人在浮华之中，往往被世俗包围，被虚荣裹挟，

活在他人的言语与世人的眼光中，宣之于口的往往与内心不一致。

不要因争一时之气，将小事酿成大事，

白白消耗自身的精力与心力。

所有的好，都不如刚刚好

在生命的长河中，我们总会遇到各种美好。

春天的花朵，夏天的微风，秋天的月夜，冬天的雪花，

这些都是大自然赋予我们的美好。

然而，在这些美好之中，最令人心动的却是"刚刚好"。

刚刚好的感觉，就像一杯温度适宜的茶，不烫不凉，恰到好处。

喜欢阳光明媚的春天

微风不燥

一切都刚刚好

追求刚刚好，不是追求极致的完美，而是寻求一种恰如其分的平衡。

刚刚好的生活，就像一首轻柔的诗，字句简练，意境深远。

这样生活的关键不是追求物质的富足，而是寻求一种内心的平静和安宁。

在刚刚好的世界里，没有过分的夸张，没有过多的压抑，

只有一种自然而然、恰到好处的舒适感。

追求极致的完美
不如寻求一种
恰如其分的平衡

所有的好，都不如刚刚好。

要做到刚刚好，不需要过多的言语，不需要轰轰烈烈的激情，

也不需要刻意的维护，而需要一种细水长流的温情。

在这个世界上，没有完美的事物，也没有绝对的好与坏。

刚刚好，是我们心中最美好的追求。

所有的好
都不如刚刚好

最好的努力方式是循序渐进

成功不是一蹴而就的，它需要长时间的积累和不断地努力。

最好的努力方式，不是盲目追求成功，

而是有目标、有计划、有耐心、有毅力地前行，

做到每一步都踏踏实实，每一阶段都稳扎稳打，逐步提升自己。

50

有目标，有计划
有耐心，有毅力

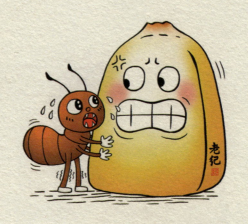

有针对性地努力
避免无效的
忙碌和浪费

根据自身的实际情况，

制订一个切实可行的目标，并为之持续付出努力，是走向成功的有效方式。

目标可以是短期的小目标，也可以是长期的大目标，

但无论大小，都应该是具体、可衡量的。

需要做到的是，将大目标分解成若干个小目标，通过制订计划，

更好地安排时间和精力，有针对性地努力，避免无效的忙碌和浪费。

努力是一个长期的过程，

要有坚定的信念和步伐，要有持久的耐心和毅力。

从现在开始，给自己制订一个切实可行的目标，开始循序渐进地努力吧。

只要持之以恒、不断努力，就一定能够到达心中的山顶，领略那绝美的风景。

最好的努力方式是循序渐进

不要拿明天的烦恼，
消耗今天的快乐

"人生不满百，常怀千岁忧。"

我们总是习惯性地为明天可能发生的事情而忧虑，担心未来的种种不确定性。

人生就像一场旅行，沿途的风景多种多样，我们无法预知未来会遇到怎样的风景。

明天或许会阳光普照，或许会风雨交加。

人生不满百
常怀千岁忧

不要拿明天的烦恼
消耗今天的快乐

不要拿明天的烦恼，消耗今天的快乐。

生活中，很多烦恼都是自己给自己制造的。

提前焦虑，不但改变不了未来要发生的事情，

还会消耗掉很多快乐时光，让人变得消沉。

人总会遇到各种挫折和困难，

我们不能因为害怕不确定的未来，而放弃当下的快乐。

好好珍惜
眼前拥有的生活
踏踏实实地过好它
才是人生最好的活法

不要预支明天的烦恼。

无谓的担忧只会让自己失去对生活的热爱和期待。

无论明天如何，我们都应该珍惜今天、享受当下的美好。

放下心中的包袱，让心灵得到解脱。

好好珍惜眼前拥有的生活，踏踏实实地过好它，

才是人生最好的活法。

内在的痛苦，源于内心的冲突

内心深处的痛苦，如同无形的枷锁，

束缚着我们的心灵，让我们在黑暗中挣扎、徘徊。

其实，很多时候痛苦都源于自己内心的冲突：

渴望得到认可与关爱，又害怕被拒绝和伤害；

想要放弃，又在曾经的美好中流连忘返；

没有过硬能力和经济基础，还喜欢事事与人比较。

内在的痛苦
大都源于
自己内心的冲突

内心的冲突，往往源于自身认知的模糊与矛盾、

面对抉择时的摇摆不定，或面对现实与理想的落差时的无奈与挣扎。

我们总是试图在理智与情感、欲望与责任、现实与理想之间找到平衡，

但往往因为无法调和这些矛盾而产生困惑和焦虑，陷入痛苦旋涡。

走出内心的阴霾
走出痛苦的阴影
才能让生活轻松快乐

化解这种痛苦，需要面对内心的冲突，
重新审视自己的期望，找到真正适合自己的方向。
调整心态，以积极、乐观、平和的态度面对生活中的挑战和困境。
同时，也要以宽容的心态对待自己、他人和世事，
学会接受自己、他人和世事的不完美。

让心灵得到解脱
让生活充满阳光

停止内耗的关键在于，及时调整自己

停止内耗，需要远离糟糕的环境和让你痛苦的人，

为自己创造一个积极健康的生活环境。

同时，要在自己身上找内耗的原因，

思考是不是自己的思维方式和能力出现了问题。

培养积极的心态和健康的生活方式，才能真正摆脱内耗的困扰。

内心充满力量
才能应对
生活的起伏

要调整自己，就要找到内耗的根源。

它可能来自对过去的执着，对未来的担忧，或者与他人无谓的比较。

当我们沉浸在这些负面情绪中时，内心的能量就会被逐渐消耗。

因此，要时刻警惕自己的心态，及时察觉并切断这些负面情绪的来源。

你我本过客
何必千千结

及时自我调整
重拾自信
重拾热情

内耗，如同无形的镣铐，束缚着我们的心灵，
让我们在挣扎中失去方向与力量。
然而，当我们放下执念，调整心态，
勇敢面对内心的纷扰时，那镣铐便会悄然打开。
远离糟糕的环境和让你痛苦的人，并及时调整自己的心态和能力，
才能走出内耗的困境、重拾生活的热情与活力。

卷二

让过去过去

想开了，也就那么回事

有些人面对困境时总是忧心忡忡，愁眉苦脸，

而有些人却能以积极的心态去面对，把生活过得有滋有味。

这往往是因为后者能够想得开。

生活中总会有许多不如意的事情，

我们如果总是纠结于其中，那么就会陷入无尽的痛苦和焦虑中。

没有人能一直正确
所以铅笔的另一头是橡皮
可是，长大后就不允许
用这样带橡皮的铅笔了

我把手伸进时间的长河
好想抓住点什么
打开一看
是一把年纪

在生活中，我们要学会调整自己的心态。

想得开并不是消极逃避，

而是一种明智的选择，也是一种智慧。

我们要学会放下不必要的担忧和烦恼，

以包容的心态去面对生活中的一切，

把一些不必要和不能改变的事情看淡一些，想开一些。

想不开
什么都是事
想得开
也就那么回事

我们要学会在困难面前不低头，在挫折面前不言弃，
更要学会看淡、放下和接纳。
不要被生活的琐事束缚，不要为不能改变的事情烦恼。
不被困境所困，不被烦恼所扰。
专注于自己的生活，专注于未来。
从现在做起，放下烦恼和忧虑，以开放的心态去面对生活中的一切吧！

很多时候，
不把事放在心上，
就赢了

人生中，总会有那么一些事，让我们纠结、痛苦，久久不能释怀。

然而，随着时间的流逝，我们会渐渐明白，很多时候，不把事放在心上，就赢了。

生活中的纷纷扰扰，经常会让我们陷入其中，无法自拔。

那些伤痛、失落、遗憾，如同密密麻麻的刺，深深扎进我们的心里，

越挣扎，越痛苦。

我为什么胖
因为我有心事
我难"瘦"

保持一颗平常心，懂得如何将不愉快的事情放下。

只有让心灵解脱，才能真正地获得自由和快乐。

在这个世界上，没有什么能够永恒不变，一切都在不断地变化和消逝。

我们如果一直沉湎于过去，就会被困在时间的牢笼里，无法向前迈进。

风吹哪页读哪页

哪页难读撕哪页

要学会释怀，释怀不是遗忘，而是将那些不愉快的事情从心里剔除，
把那些不能改变的遗憾放下，让自己重新获得内心的宁静。
要够坦然面对过去，不再让那些不好的事情，影响我们的心情和未来。
放下包袱、轻装前行，才能在人生的道路上行走得轻松自在，才能走得更远。

让过去过去

接受美好的记忆，让它们成为内心的宝藏；

同时，也要接受那些不那么美好的经历，

因为它们塑造了今天的我们，教会了我们成长和坚强。

释放过去，不是遗忘，而是接受，是为了让自己轻装上阵，

不被过去的阴影所笼罩，为了拥抱更加美好的未来。

释放过去
不是遗忘
而是接受

过往的经历，不应该成为我们前进路上的羁绊。

珍惜过去的回忆和经验，学会放下过去，才能更加专注于未来。

让过去过去，才能迎接新的曙光，才能开启全新的旅程。

未来的每一步都充满了希望和机遇，

只要我们敢于追梦，未来就一定值得期待。

让过去过去
不是对过去的否定
而是对未来的期待

让过去过去，未来值得期待。

让过去过去，不是对过去的否定，而是对未来的期待。

敢于面对自己的过去，承认自己的不足，

接受自己的失败，接受命运的起伏，珍惜当下，拥抱未来。

让我们放下内心的包袱，用轻盈的步伐迎接未来的每一天。

放下内心的包袱
用轻盈的步伐
迎接未来的每一天

无所谓，没必要，不至于

生活，如同一幅画卷，色彩斑斓，百态尽显。

其中，情绪是那最为跳脱的色彩，时而浓烈，时而平淡。

生活中的种种琐事，常常使我们陷入情绪的旋涡。

但要知道，情绪如同流水，宜疏不宜堵。

遇到不顺心的事，不必过于纠结，不妨换个角度思考，或许会有新的发现。

对不至于的情绪
说"不至于"

古人云："不以物喜，不以己悲。"

情绪的波动，往往源于外物。

学会控制情绪，并非要压制情感，而是要学会疏导。

当愤怒涌上心头，深呼吸，让自己冷静下来；

当悲伤袭来，找个知己倾诉，情感自然得到释放。

心境平和了，看待事情就会更加客观、理智。

让自己快乐起来的三大秘诀：不至于、没必要、无所谓。

许多控制情绪的方法都值得采用，

比如静坐、冥想、读书、作画，这些方法都是为了使内心获得平静。

控制情绪并非一蹴而就的事情，需要长时间修炼。

愿我们都能成为情绪的主人，不为情绪所左右。

对无所谓的人
说"无所谓"

人，要有自愈的能力

人，一定要有自愈的能力。

在这漫长的人生旅途中，我们总会遭遇各种挫折与磨难，

如同行走在风雨交加的夜晚，时不时会跌倒受伤。

这时，拥有自愈的能力就显得尤为重要。

自愈，不单单指身体上的伤口自然愈合，更是指心灵上的创伤能够自我修复。

自愈能力越强
就越接近幸福

遭遇打击、失落或痛苦时，自愈能力，便是让心灵获得新生的关键。

自愈能力，源于内心的坚韧、勇气和智慧。

面对困境，我们不应沉溺于痛苦之中，

而应勇敢面对，倾听内心的声音，理解自己的情感需求。

积极寻找解决问题的方法，寻找适合自己的调整方式。

自愈能力
是让心灵重获
新生的关键

自愈能力，离不开对生活的热爱与期待。

对生活充满热情，对未来充满期待，心灵便会充满阳光，阴霾就会散开。

在这个充满变数的世界里，我们无法预知未来会遭遇什么，

但只要拥有一颗坚韧、勇敢、热爱生活的心，

便能在风雨中屹立不倒，让心灵之花在困境中绽放。

对生活充满热情
对未来充满期待
心灵便会充满阳光

情绪不稳定，是一个家庭的灾难

在一个家庭中，每个成员都扮演着不同的角色，共同维系着家庭的和谐与稳定。

然而，当家庭成员中有人情绪不稳定时，这种和谐与稳定就很容易被打破。

情绪不稳定的人往往容易发脾气、焦虑不安，

甚至可能产生暴力行为，给家庭带来无尽的困扰和痛苦。

情绪不稳定
是一个家庭的灾难

情绪不稳定的父母，会对孩子的成长产生负面影响，

会导致孩子产生自卑、焦虑等心理问题。

情绪不稳定也会给另一半、父母等带来沉重的负担。

家庭成员情绪不稳定，会导致家庭生活混乱，

不仅会影响整个家庭的生活质量，还会引发很多矛盾和冲突。

情绪如
一匹奔腾的马
需握紧缰绳
才能稳步前行

情绪，反映的是内心世界。

当情绪变得不稳定时，会影响到个人的身心健康，更是一个家庭的灾难。

为了家庭的和谐和幸福，应该学会调整自己的心态，保持情绪稳定。

家人要相互理解和支持，共同营造和谐、温馨的家庭氛围。

家人要
相互理解和支持
共同营造
和谐温馨的家庭氛围

释怀是一辈子的必修课

我们会因为自己的过错或不足而自责不已，

我们会对过去的事情而耿耿于怀，

我们会对曾经伤害过自己的人心怀怨恨和敌意。

然而，如果我们一直沉浸在难以释怀的情绪中无法自拔，

那么我们的心灵就会被束缚，我们就无法迈向未来，无法享受真正的自由和快乐。

92

老纪

岁月如梦
一切都在释怀中
变得温柔

人若释怀

人生自在

放弃对自己和他人的苛责，才能释放出内心的力量。

接纳自己不完美，也要接纳别人不完美。

每个人都有犯错的时候，每个人的成长都有个过程。

释怀，是对过去的坦然接受，是对他人的宽容和理解，

更是对自己的慈悲和关爱。

每一次释怀，都是一次心灵的洗礼。

让过去的伤痛和遗憾在心中消散，

让他人的误解和伤害在心中消散，

让自己的不足和过错在心中消散。

把释怀当作一种生活态度，当作一辈子的必修课，

用心去修炼，用爱去实践。

相信在这个过程中，我们会成长和收获幸福。

释怀是一辈子的必修课

路走不通时，要学会转弯

在人生的道路上，每个人都会遇到困难和挫折，关键在于如何面对它们。

有时候，前方的道路会异常艰险，甚至完全无法通行。

这时，如果一味地坚持原有的方向，只会让自己陷入困境，无法自拔。

路走不通时，一定要学会转弯。

路走不通时
一定要学会转弯

有时候，我们会对自己的目标和理想抱有过高的期望，却忽略了现实的约束。

当道路变得曲折难行时，要放下心中的执念，调整好自己的心态，

根据实际情况，重新审视自己的目标和方向。

有时候，一个小小的改变，就能让我们找到新的出路，重新点燃心中希望的明灯。

人生路漫漫
转弯有惊喜

路走不通时，要接受现实，要灵活应对变化，要学会转弯，并寻找新的出路。

无论前方有多少困难和挫折，都要始终保持积极乐观的生活态度，

都要相信自己，相信未来，勇敢地走下去。

只有这样，才能走出困境，踏上真正适合自己的道路。

人这一辈子，一定要学会及时翻篇

人生如书，一页一页翻过，有泪水，有欢笑，有挫折，有成功。

然而，在这漫长的篇章中，总有些需要我们及时翻篇，才能继续前行。

不断翻篇，着眼未来，才能不断成长，才能不断超越自己，才能不断追求更高的目标。

能挣脱生命中的羁绊，才能更好地前行。

挣脱生命中的羁绊

才能更好地前行

有些篇章，如同秋天的落叶，

尽管曾经绿意盎然，但终究会随风飘落，化为泥土。

这些篇章，或许是曾经的辉煌，或许是曾经的伤痛，

但无论如何，它们都已经成为过去。

如果一直沉浸在过去，只会让前进的步伐变得更加沉重。

一直沉浸在过去
只会让前进的步伐
变得更加沉重

学会及时翻篇，不是忘记过去，

而是放下包袱，把经验和教训深深刻在心中，继续前行。

只有这样，我们才能不被过去的阴影所束缚，才能不被过去的伤痛所牵绊。

把过去的篇章留在心中，让它成为我们前行的动力，然后勇敢地翻过那一页，

书写出更加精彩的人生篇章。

学会及时翻篇
不是忘记过去
而是放下包袱

好的关系，不需要刻意维护

刻意维护的关系，往往带有一种勉强的意味。

我们可能会为了维持某种关系而刻意改变自己，

迎合对方的喜好，甚至牺牲自己的原则和底线。

但这样的关系，往往是不稳定的，也是不长久的。

如果不能真实地表达自己，不能坦诚地面对彼此，

那么这样的关系就很难成为"好的关系"。

好的关系

不需要刻意维护

好的关系，无须频繁联系和聚会，只需要在彼此需要时，互相给予真挚的关怀和支持。

好的关系，是默契和信任，无须过多解释和说明，就能理解对方的想法和感受。

好的关系，是支持和陪伴，

不会因为失败而嘲笑，不会因为成功而嫉妒，

只会默默地支持和鼓励。

关系可以带来
快乐和幸福
也可以带来
痛苦和不幸

好的关系不是刻意维护的结果，而是自然流露的结果。

自然流露的情感，往往更加真实、持久和深刻。

好的关系，是建立在真实和坦诚的基础上的。

我们不需要刻意去做什么，也不需要去追求什么。

在好的关系中，我们可以做最真实的自己。

自然流露的关系
往往更加真实
持久和深刻

相互忍受，不如彼此放过

【卷二】

让过去过去

在人际关系中，我们常常会陷入一种尴尬而痛苦的境地——相互忍受。

或许是因为亲情、友情和爱情的纽带，

我们选择了妥协，选择了默默承受对方的不完美，甚至是一些伤害。

相互忍受往往源于一种误解，即误以为忍受可以换来对方的改变，

或者至少可以维持现有的关系。

不执着于改变对方
不忍受对方的伤害
勇敢为自己争取幸福

忍受往往只会
让自己在痛苦中
越陷越深

忍受，往往只会让自己在痛苦中越陷越深。

忍受的过程中，心中的不满和委屈会逐渐积累，

直到有一天，这些负面情绪爆发出来，对关系造成无法挽回的伤害。

相比之下，彼此放过则是一种更为明智的选择。

不再执着于改变对方，不再忍受对方的伤害，

勇敢为自己争取幸福。

放过对方并不意味着断绝关系，而是以一种更为成熟、理智的态度去面对彼此。

相互忍受只会让自己在痛苦中挣扎，而彼此放过则是一种解脱和成长。

与其在严重内耗的关系中精疲力竭，

不如彼此放过，让彼此都能找到真正的幸福。

相互忍受
不如彼此放过

允许自己不完美，
允许别人不完美，
允许世事不完美

允许自己不完美，是一种智慧。

每个人都有优点和缺点，都有长处和短处。

没有人能面面俱到，无所不能。

我们不必苛求自己，要接受自己的不完美，学会欣赏自己的优点，

同时也要勇于面对自己的缺点，努力改进。

只有这样，才能真正地成长和进步。

允许自己不完美

是一种智慧

允许别人不完美，是一种包容。

每个人都有自己的生活方式和选择，我们不能因为别人的不完美而否定他们。

学会尊重别人的不同，理解别人的难处，给予别人足够的空间和时间。

只有这样，才能建立起良好的人际关系，让彼此的心灵更加贴近。

允许别人不完美
是一种包容

允许世事不完美，是一种豁达。

世界上没有什么是绝对完美的，也没有永恒的不变和稳定。

学会面对世事的不完美，接受现实的无奈，

同时，也要保持一颗乐观向上的心，相信未来会更好。

只有这样，我们才能在这个不断变化的世界里保持幸福。

允许世事不完美
是一种豁达

成年人，要藏得住心事

藏得住心事，并不是要压抑自己的情感，

或故意隐藏真实的自我，而是要学会控制情绪，不让情绪轻易外泄。

生活中难免会遇到一些不如意的事情，或是遇到一些不怀好意的人，

如果总是轻易地将心事流露出来，容易被他人利用，从而受到不必要的伤害。

轻易将心事外泄
容易被他人利用
受到不必要的伤害

当然，藏得住心事，并不是要变得冷漠无情，或不再信任任何人，

相反，我们可以在适当的时候，

将心事向值得信任的朋友或家人倾诉，寻求他们的支持和帮助。

这样的交流不仅能够让我们得到情感上的满足，

还能够拉近我们与他人的关系。

藏得住心事，是成年人应该具备的一种品质。

它不仅能让我们在面对问题时更加冷静和理智，

还能够让我们更好地保护自己，免受不必要的伤害。

这样的成熟态度，不仅能够帮助我们更好地解决问题，

还能够让我们在他人眼中显得更加可靠和值得信赖。

没有过不去的坎坷，
只有回不去的昨天

我们都曾在青春的岁月里，怀揣着梦想与激情，勇往直前、无所畏惧，

总觉得世界就在脚下，只要愿意，就可以征服它。

然而，我们在人生中总会遇到许多坎坷与曲折，

让我们时而跌倒，时而迷茫，时而疲惫不堪。

随着时间的流逝，我们逐渐明白了生活的艰辛和不易，开始学会妥协，学会接受。

没有过不去的坎坷
只有回不去的昨天

再也回不去那些年少轻狂的日子，那段无忧无虑、充满梦想的时光。

那些过去的经历，那些曾经的坎坷，都已经成为昨天。

那些曾经看似无法逾越的障碍，那些曾经痛不欲生的挫折，

现在看来，只不过是人生中的一个小插曲罢了。

时光荏苒

昨天已成为往事

今天又转眼即逝

昨天，或许充满了遗憾和失落，或许有着美好的回忆和欢笑。

　　昨天，已经成为过去，再也无法改变，再也无法回去。

我们可以从中汲取经验和教训，但无法重新经历那些时光。

不要过分沉湎于回忆，也不要因为未来的不确定而恐惧不安。

不要过分沉湎于回忆
也不要因为未来的
不确定而恐惧不安

卷三

人生很贵，
别浪费

生活，需要经常加糖

人生很贵，别浪费

工作之余，不妨找个时间，放慢脚步，去品尝那些喜欢的美食；

生日时，不妨为自己准备一个小礼物，作为对自己的奖励；

节假日时，不妨出去散散心，看看外面的世界，进行一次心灵的洗礼。

在忙碌与疲惫中找寻一丝丝的甜意，

经常给生活加糖，生活才能变甜。

126

经常给生活加糖

生活才能变甜

工作是为了生活
但生活中
不是只有工作

劳逸结合，是保持身心健康的关键。

工作是为了生活，但生活中不是只有工作。

要在忙碌的工作之余，找到属于自己的休闲时光，

让自己得到充分的休息和放松。

同时，我们也要学会奖励自己，安慰自己，

让自己在生活的苦中感受到一丝丝的甜。

生活本是苦的，要经常给它加点"糖"。

这"糖"，可以是一顿美食、一个小礼物、一次旅行。

无论是什么，只要用心去感受、去体验，就能让生活的苦，变得不再那么难以承受。

让这份甜意，成为前进的动力和支撑。

让生活变得更加美好、有趣，让自己的每一天都值得。

生活本是苦的
要经常给它加点"糖"

感到处处不顺时

【卷三】

人生很贵，别浪费

有时我们会感到自己仿佛被命运捉弄，处处碰壁，事事不顺。

那种无力感和迷茫，如同浓雾笼罩心头，

让人不知所措，让人抓狂，甚至会引发对自我价值的怀疑和否定。

这些负面情绪交织在一起，形成了一种强大的心理压力，

让我们感到压抑，想要逃，却无处可逃。

感到处处不顺时
不要气馁
不要放弃

感觉自己不顺的时候，不要总是沉溺于自怨自艾之中，

要主动正视自己的不足和缺陷，承认自己的脆弱和无力，

想想这种不顺是否源于我们对自己的期望过高，或是对外界的要求过于苛刻。

我们总是希望一切都能按照自己的意愿发展，但现实往往并不如我们所愿。

感到处处不顺时
提高自己
降低期望

当感到处处不顺时，不要急于逃避或抱怨命运的不公，

不妨停下来，给自己一些时间和空间去思考和调整自己的心态和期望，

以更加平和、宽容的态度去面对生活中的种种不如意，放下不必要的执着和追求。

这样我们便能走出迷茫和困境，找到属于自己的归途。

感到处处不顺时
相信自己
相信未来

生活就是自己哄自己

遭遇困境时，对自己说："这只是短暂的阴霾，阳光总在风雨后。"

失落时，劝慰自己："人生总有起落，低谷之后必是高峰。"

哄自己，是给自己关爱，是给自己打气，

是给自己希望，是给自己一份温暖和安慰，

是让自己在风雨中站得更稳。

134

人生总有起落
低谷之后
必是高峰

生活就是
自己哄自己

向外界寻求安慰，不如学会自己哄自己。

哄自己并不是自欺欺人，

而是对自己真实情感的理解和接纳，

也是一种对自我的关怀和情绪调节方式。

哄自己，是因为我们懂得自己的脆弱，也懂得自己的坚强；

哄自己，是因为我们明白生活的不易，也明白自己的价值。

生活，就是自己哄自己。

爱自己，才会去哄自己；哄自己，才能更好地爱自己。

这种爱，是包容的，是理解的，是充满力量的。

学会了哄自己，就学会了如何在生活中找到快乐，

如何在困境中找到希望，如何在挫折中找到力量。

在生活中找到快乐
在困境中找到希望
在挫折中找到力量

别爱得太满

【卷三】

人生很贵，别浪费

无论遇到什么样的人，都要记住：别爱得太满。

将一颗心全部捧给对方，不留一丝余地，

这样的爱，或许在开始时充满激情和浪漫，

但随着时间的推移，很容易变得沉重。

当我们把全部的心思和情感寄托在对方身上时，

一旦失去对方的爱，就如同失去了整个世界，痛苦不已。

别爱得太满
要给自己留有余地
要保持独立和自主

别爱得太满，要给自己留有余地，要保持独立和自主，要有自己的生活和兴趣爱好。

在爱对方的同时，也要爱自己，照顾自己的感受和需求。

爱情需要付出和牺牲，但过度的付出和牺牲只会让对方感到压抑和厌烦。

尊重对方的意愿和感受，不把自己的期望强加于对方，

才能建立健康、平等、和谐的关系。

在爱对方的同时
也要爱自己

要珍惜与对方相处的时光，也要学会享受自由的美好。

只有当我们保持开放的心态，

不把爱情当作生活的全部时，

才能真正品味到爱情的甜美和丰富。

只有当我们学会适度爱人、留有余地、保持平衡时，

才能真正享受到爱情的幸福和美好。

人生很贵，别浪费

每一个日出日落，每一次花开花谢，都仿佛在诉说着生命的珍贵。

我们在这短暂的光阴里，追逐着梦想，品味着情感，体验着世界，感悟着人生。

有多少人，却在这珍贵的时光里，挥霍无度？

他们为了名利而奔波劳碌，为了欲望而迷失自我。

人生很贵
别浪费

人生如茶，需细细品味，方能知其味。

生命之贵，非金银可比，非权势可量。

人生真正的价值，不在于拥有的外物，而在于内心的丰盈与满足；

不在于追求那些虚无缥缈的东西，

而在于珍惜眼前的每一刻，用心去感受，去体验，去领悟。

不要为了那些虚无的东西而奔波劳碌，不要为了那些无谓的争执而斤斤计较。

用心去感受这个世界的美好，去体验生活的点滴，去追寻内心的宁静与满足。

在这短暂的光阴里，活出自己的精彩，留下自己的印记，

让生命之花在岁月的长河中尽情绽放。

总要热爱点什么吧，不然生活多无趣

有时，生活似乎非常单调乏味。

正是那些我们热爱的事物，

让我们在生活的海洋中找到了方向和乐趣。

热爱，是一种内心的驱动力，

它让我们在生活中充满激情和动力，

让我们在一个人的时候，不那么孤寂。

总要热爱点什么吧

不然生活该多无趣

热爱让我们
在平凡的日子里
找到不一样的快乐
找到自己的小幸福

无论是热爱运动、音乐，还是种花、读书，或是美食、旅游，
都能让我们在平凡的日子里，
找到不一样的快乐，找到属于自己的小幸福。
当我们全身心投入热爱的事物时，
那种专注和喜悦是无法用言语来形容的，
那种满足感和成就感会让我们觉得生活是如此美好。

爱好不一定要高大上
它可以是生活中
的点滴小事

有人热爱读书，喜欢在知识的海洋中遨游；
有人热爱旅行，喜欢探索世界的每一个角落；
还有人热爱烹饪，喜欢将食材变成一道道美味佳肴。
无论热爱的是什么，生活都会因此变得更加精彩。
成为一个有所热爱的人吧！
让热爱成为生活的动力，让生活因为热爱而变得更加美好。

生活，可以平凡，
但不可以无趣

清晨，阳光透过窗帘的缝隙，洒在脸上，带来一丝暖意。

我慵懒地起身，伸个懒腰，开启了一天的平凡生活。

吃过早饭，我开始读书、写作、画画，一直到中午。

午饭过后，阳光斜斜地照在窗台上，我泡上一壶清茶，静静地坐在窗前。

茶香四溢，让人心旷神怡。

生活可以平凡

但不可以无趣

闭上双眼，倾听着窗外的鸟鸣和微风拂过树叶的声音。

这一刻，仿佛融入了这个世界，

与大自然共呼吸，感受着生命的律动，感受着生活的温度。

这样的日子，注定不会轰轰烈烈，不会激情澎湃。

但正是这份平凡，给了我细细品味生活的机会。

不是只有轰轰烈烈
才叫生活
不是只有功成名就
才叫人生

不是只有轰轰烈烈才叫生活，不是只有功成名就才叫人生。

生活，看似平淡无奇，实则蕴藏着万千趣味。

生活的乐趣，需要我们用心去发现、去体验。

珍惜每一个平凡的日子，用心感受生活中的每一份美好。

我们无法改变生活的平凡，但可以选择让平凡的生活变得有趣。

我们无法改变
生活的平凡
但可以让平凡的
生活变得有趣

一种很棒的态度：不惹事，不怕事

不惹事是与人相处的基本原则之一。

在与人相处时，要保持谦逊和低调，不要轻易去招惹是非，引起争端，

要尊重他人的意见和感受，避免自己的言行引发不必要的冲突；

同时，控制好自己的情绪，不要因为一时的冲动而做出错误的决定。

不惹事
是与人相处的
基本原则之一

遇到挑衅或冲突时
要有勇气站出来
维护自己的
权益和尊严

不惹事并不是在面对挑衅或冲突时选择退缩或回避。

不怕事同样是需要坚守的基本原则。

当遇到挑衅或冲突时，

要有勇气维护自己的权益和尊严，

要敢于表达自己的立场和观点，

要有足够的智慧和毅力去克服困难。

与人相处，需要保持一种"不惹事、不怕事"的态度。

要想过上平静而安宁的生活，光做到不惹事是远远不够的。

不惹事、不怕事，两者相辅相成，

让我们能够在与人相处时保持一种平衡和稳定的状态，

既能够维护自己的利益，又能够赢得他人的尊重和信任。

人生，不是用来讨好别人的

在生活中，我们总会过于在乎别人的感受，

不断牺牲自己的利益，委屈自己，去讨好别人。

为了迎合他人的期望，不断地改变自己，压抑真实的想法和感受，

导致内心非常疲惫和迷茫。

不要自降身价讨好别人，你做得越多，别人就越觉得理所当然。

人生不是用来
讨好别人的

不要把时间和精力浪费在讨好别人上，要善待自己。

讨好别人，只能带来短暂的欢愉，

但长远来看，会让我们失去自我，失去是非观，成为别人眼中的影子。

与人相处，应该建立在平等和尊重的基础上，

相互理解，相互帮助，相互支持。

讨好别人
不如讨好自己

勇敢做自己
不为迎合别人
而失去自我

我们要学会在尊重他人想法和感受的同时，坚持自我，
勇敢地做自己，不为迎合别人而失去自我。
人生，不是用来讨好别人的。
每个人的生命都是独一无二的，我们要珍惜这份独特，
尊重自己，倾听内心的声音，
用自己的方式去生活，去体验这个世界的美好。

只有选对了人，付出才有意义

并非所有的付出都能得到相应的回报。

有时，倾尽所有，换来的却是冷漠和背叛；

有时，满怀期待，等来的却是失望和伤害。

有的人，会懂得珍惜我们的付出，会用同样的真诚和热情回应我们；

而有的人，则只会将我们的付出视为理所当然，甚至加以利用和践踏。

不怕付出
只怕所付非良人

只有选对了人
付出才有意义

不怕付出，只怕所选的不是对的。

只有选对了人，付出才有意义。

要看对方的行为和态度，看其是否与自己的价值观和期待相符；

要倾听对方的话语，看其是否真诚；

还要通过时间来检验对方的可靠性，

看其是否能在关键时刻给予我们支持和帮助。

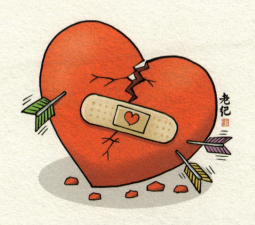

为不值得的人付出
是一种极大的
浪费和伤害

为不值得的人付出，是一种极大的浪费和伤害。

如果不幸选错了对象，为不值得的人付出了太多，

那么应该及时止损，调整自己的心态和策略；

同时，要勇敢面对现实，承认自己的错误，

并从中吸取教训，学会保护自己，

不再让自己受到更多的伤害。

走不出执念，到哪里都戴着枷锁

执念，是内心深处的执着和迷恋，如同无形的枷锁，将我们紧紧束缚。

执念让我们陷入一种固定的思维模式和行为习惯，难以自拔；

执念让我们变得盲目，无法看清事实，无法理性地思考和决策；

执念让我们变得狭隘和偏执，失去对生活的热爱和追求。

被执念所困
无论置身于何地
都仿佛身处囚笼

有些人执着于名利，不惜一切代价去争取，

终日为了名利而奔波劳碌，以为拥有了名利就能得到幸福，

却发现自己越来越空虚和孤独。

有些人执着于过去，对曾经的伤痛和遗憾念念不忘，

活在过去的阴影里，无法释怀，无法面对现实，不敢向前迈一步。

放下执念
才能走出囚笼

被执念所困，无论置身何地，都仿佛身处囚笼。

放下执念，才能走出囚笼，才能获得真正的自由，才能感受到生命的美好。

走出自己的执念，需要放下不必要的执着和迷恋，接受现实和理想的落差。

真正的自由并非来自外界，而是源于内心的解脱。

真正的自由
并非来自外界
而是源于
内心的解脱

越怕事，事越多

我们时常会碰到一些令人担忧或不安的事情。

然而，有趣的是，往往我们越害怕某件事情，它就越容易找上门来，让人陷入困境。

这种情绪状态会影响思考和决策能力，使我们陷入恐慌和焦虑之中，

难以理性地面对问题，从而进一步加剧对问题的担忧，形成一个恶性循环。

越怕事
事越多

我们害怕某件事情时，往往会采取一些消极的行为来应对，

如回避问题，或者拖延解决问题的时间。

虽然这些行为可以暂时缓解焦虑，但实际上却是在逃避问题。

问题并没有真正得到解决，反而会随着时间的推移而变得更加复杂和棘手。

逃避现实
只会让心情
更加沉重

勇敢面对问题
主动解决问题
不回避，不拖延

为避免这种"越怕事，事越多"的现象，

需要勇敢面对问题，不回避或拖延问题，

尽可能地冷静思考，不要被情绪所左右。

要以一种更加积极、乐观的心态，

了解问题的具体情况，寻求问题的解决方案，

而不是只关注问题本身。

多欲则多苦

欲望无形，却拥有强大的力量。

适当的欲望，是人生的动力。

它激发了我们的勇气和智慧，驱使我们不断努力，不断追求。

然而，欲望如果不加以控制和引导，

就会成为一种负担，一道枷锁，让人在贪婪中失去自我。

欲望让我们追求无尽的物质和名利，忘记了内心的真正需求。

适当的欲望
是人生的动力

欲望如同一把双刃剑，既能够推着我们不断进步，
又能够让我们深陷泥潭。

那些沉溺于欲望的人，得到再多，也不会感到满足。

他们如饥饿的野兽，疯狂地追逐着世间的繁华。

欲望之火，吞噬着他们的理智，控制着他们的思维。

欲望如同
一把双刃剑

人的欲望是无止境的
我们要控制自己的欲望
而不是被欲望所控制

人的欲望是无止境的，我们要控制自己的欲望，而不是被欲望所控制。

一切的荣华富贵，不过是过眼云烟。

不被欲望左右，心自然会平静。

无欲则无求，无求则无苦。

卷四

一个人走，也无妨

少言是修养，
闲嘴是智慧

【卷四】　一个人走，也无妨

有些人口无遮拦，常常在无意间得罪他人，给自己招来麻烦。

有些人则喜欢在背后议论他人，搬弄是非，

却不知这种行为往往会招来他人的反感。

管好自己的嘴，不是不可以说话，

而是要懂得什么该说，什么不该说。

管好自己的嘴
不是不可以说话
而是要懂得什么该说
什么不该说

少言是一种修养
闭嘴是一种智慧

人前不说狂话，人后不说坏话。

我们应该学会用心去倾听他人的声音，

用心去理解他人的情感，用心去表达自己的思想。

只有这样，我们才能更好地与他人交流和沟通，

避免因为言语不当而引发不必要的矛盾和冲突。

少言，是一种修养，闭嘴，是一种智慧。

经历越多，越会明白，真正有智慧的人，总是谨言慎行。

要尊重他人的意见和观点，不要轻易去攻击或者贬低他人。

说话有分寸，是对自己的一种保护。

管好自己的嘴巴，才能在生活中更好地与他人相处，才能少惹是非。

合不来的人，
面子上过得去即可

【卷四】 一个人走，也无妨

人世繁华，众生百态。

与人交往，和有的人一见如故，相见恨晚；

和有的人却相看两厌，怎么都不对劲。

这就是缘分，强求不得。

有时候，遇见志趣迥异之人，即使并无恶意，也觉得难以相处。

你说的话，他听不懂；他想的东西，你也觉得莫名其妙。

强求相融，不过徒增烦恼而已。

遇见志趣迥异之人
即使并无恶意
也觉得难以相处

与其斤斤计较
不如放宽心态
以和为贵

我们总会为了工作，为了生活，不得不跟那些三观不合的人打交道，

这时候就得有点风度，

虽然不能交心，但面子上还是要过得去。

人生在世，难免会遇到各种人。

与其斤斤计较，不如放宽心态，彼此包容。

如此，方能显出君子风范，亦能让自己心境坦然。

合不来的人
面子上过得去即可

世上之人，各有各的志向，各有各的喜好，
我们要始终保持一颗开放与包容的心，
遇到合不来的人时，不必强求相交，
只需保持一份礼貌与尊重，面子上过得去即可。
如此，既能避免不必要的纷争与矛盾，
又能维持自己的风度。

无人理解时，
淡定独行

【卷四】 一个人走，也无妨

在这喧嚣的尘世里，

每个人都在为自己的生活奔波，每个人都渴望被人理解。

然而，事实是，很少人能真正理解我们。

面对这样的孤独与无奈，我们该如何自处？

我想，最好的方式便是淡定独行。

这种独行，是心灵上的独行。

无人理解时

淡定独行

独行是一种选择
是一种品味孤独
享受独立的过程

无人理解时，淡定独行。

淡定，是一种心态。

面对无人理解的困境、无须焦虑、无须抱怨。

每个人都有自己的成长过程，每个人都有自己的独特之处，

要坦然接受他人的不同。

独行是一种选择，是一种品味孤独、享受独立的过程。

没有他人的期待与束缚，我们可以随心所欲地选择目的地，

走走停停，感受路途中的每一处风景。

这样的行走，让我们更加专注于内心的感受、体验生命的独特与美好。

能遇到理解自己的人是一件非常幸运的事，要好好珍惜他们。

没有人理解时，那就淡定独行吧。

要好好珍惜那些
与自己心灵相通的人

一个人走，也无妨

一个人走，也无妨。

孤独是人生常态，你我都一样。

一个人走，或许会有些孤单，但这也是一种独特的体验。

我们可以自由地选择自己的方向和步伐，不受他人的限制和影响。

我们可以独自思考，寻找内心的平静和力量。

我们可以沉浸在自己的世界中，享受那份孤独的美好。

一个人走
也无妨

学会享受孤独，是成长的必经之路。

一个人走，可以让我们更加专注于自己的成长和发展，

可以让我们全身心地投入自己的兴趣和事业中，不断挑战自己，追求更高的境界。

我们可以独自面对困难和挑战，培养自己的独立性和解决问题的能力。

孤独是成长的催化剂，让人变得更强大。

学会享受孤独
是成长的必经之路

即使一个人走
也可以走出一条
属于自己的精彩人生路

一个人走，可以让我们更加深入地了解自己。

在孤独中，可以静下来探寻自己的内心世界，

探索自己独有的情感，

从而更好地认识自己。

不必害怕孤单和寂寞，学会享受孤独的美好，让它成为我们成长的助力。

即使一个人走，也可以走出一条属于自己的精彩人生路。

唯有给自己撑伞，
才能无所畏惧

在漫长的人生旅程中，我们总会遇到风雨。

这时候，我们会期待有人为自己撑起一把伞。

然而，生活中的风雨无法预料，没有人能够永远为我们撑伞。

如果我们总是依赖他人，当那把伞离开时，我们将会变得无助和脆弱。

感谢每一位
为我撑过伞的人

没有人能够
永远为我们撑伞
必须做自己的屋檐

我们必须做自己的避风港，为自己遮风挡雨。
学会依靠自己，培养自我保护的能力，
让自己强大起来，为自己筑起一个坚固的避风港。
做自己的避风港，是一种积极向上的人生态度，
体现的是自我保护的能力，是自信和自立的表现。

面对人生中的风雨
唯有给自己撑伞
才能无所畏惧

面对人生中的风雨，唯有自己撑伞，才能无所畏惧。

当我们能够为自己撑起一片天时，

我们会变得更加坚定和自信，不再害怕风雨的侵袭。

因为我们知道，无论风雨多大，自己都能应对自如。

这种自信和自立，不仅能够提升我们的个人魅力，

还能够帮助我们在人生的道路上走得更稳、更远。

维持消耗自己的关系，远不如独处

我们有时会为了维护一段关系，而不断地取悦他人，

期望获得他们的认可和支持，甚至为了迎合他人的期望，

不惜放弃自己的原则和立场。

然而，当我们停下脚步，静下心来思考时，

会发现，维持消耗自己的关系，远不如独处。

维持消耗自己的关系
远不如独处

讨好和迎合，往往让我们不敢表达自己的真实想法和感受，

害怕因为与众不同而遭到排斥和孤立。

这种缺乏真正情感交流和共鸣的人际关系，看似美好，实则易碎。

相比之下，独处则是一种更为自由和纯粹的状态，

能让内心得到真正的滋养和成长。

在忙碌和喧嚣的生活中，我们时常感到疲惫和焦虑。

独处则能让我们远离这些纷扰，放下所有伪装和束缚，

静下心来，倾听内心的声音，

做自己喜欢的事情，让心灵得到滋养。

人，要学会拒绝

我们总是习惯于迎合他人、接受不公，却很少想到拒绝。

我们害怕拒绝别人，害怕得罪人，害怕因拒绝失去些什么，却总是在为难自己。

我们每天都会遇到各种各样的人和事，

而有些人和事并不适合我们，甚至会对我们造成伤害。

这时，拒绝便成了一种必要的选择。

拒绝那些对我们
不利的人和事
是对自己的尊重
也是对生活的尊重

拒绝那些对我们不利的人和事, 是对自己的尊重, 也是对生活的尊重。

要敢于面对他人的无理要求, 敢于说出自己的想法和感受。

做不到的事不要勉强, 不想做的事不要为难自己, 损害自己利益的事更要拒绝。

对方不在乎你的感受, 你何必要为难自己, 成全他的自私?

不要为了成全别人
而委屈自己

对我们有益的人和事，我们敞开心扉，积极接纳；

而对于那些会对我们造成伤害的人和事，一定要学会拒绝。

拒绝，不代表冷漠，不代表无情，而是一种自我保护，更是一种自我尊重。

人生不是用来讨好别人的，我们要学会用拒绝来守护好自己的内心和利益。

学会用拒绝来
守护好自己
的内心和利益

改变自己，才是改变一切的开始

【卷四】 一个人走，也无妨

我们常常把眼光投向外界，寻找生活的变化与突破，

期待环境、他人或者命运能够为我们带来转机。

其实，真正的改变，往往始于自我。

改变自己，才是改变一切的开始。

改变自己，要从心态开始，要付诸行动，要时刻保持一颗谦虚的心。

向外期待
不如向内改变

改变自己，要先调整好心态。

积极乐观的心态，

能帮助我们看到问题的另一面，发现隐藏在困境中的机遇。

心动不如行动，要把心中的想法付诸实践，

用实际行动去证明自己的决心和毅力，

同时，也要虚心向他人学习，不断吸取新知识、新思想。

改变自己，才是
改变一切的开始

改变自己并非一蹴而就的事情，
需要有足够的耐心、勇气和毅力，
需要付出足够多的努力。
当自己逐步实现成长和进步时，
会发现，周围的一切也在悄然发生变化。
这种成长和进步，不仅会影响自己，还会影响周围的人和环境。

温柔，不是妥协

有一种力量，既非强硬，又非妥协，而是温柔。

温柔，是如水般流淌的力量，是包容与接纳，是内心的坚韧。

温柔的人，并非没有脾气，

他们只是更懂得控制自己的情绪，

更懂得在适当的时候表达自己的立场与观点。

他们不会用暴力的方式去解决问题，而是用理智与智慧去化解矛盾。

温柔的人
并非没有脾气
他们只是更懂得
控制自己的情绪

温柔不是妥协，温柔不意味着放弃自我，或是毫无原则地让步。

温柔更像一种无声的言语，无须张扬，却能打动人心。

温柔的人，在面对生活的种种挑战时，不会轻易发怒或沮丧。

温柔的人，会用平和的心态去应对世间的风风雨雨，

用宽广的胸怀去包容他人的过错。

愿我们都能成为
那个温柔而坚定的人
用内心的光
去照亮这个世界

在这个快节奏的时代，需要一点温柔的力量。

它提醒我们放慢脚步，去感受生活中的美好；

它鼓励我们勇敢前行，去追求心中的梦想；

它让我们明白，真正的强大，

不是用力量去征服世界，而是用温柔去包容与影响他人。

愿我们都能成为那个温柔而坚定的人，用内心的光去照亮这个世界。

适可而止的付出，
远胜于
没有底线的讨好

适度的人际关系，如同冬日里的暖阳，

照亮生活中的每一个角落，带给人温暖与力量。

它让我们在忙碌的生活中找到依靠，在困惑的时刻得到指引。

这种关系，不刻意、不张扬，

却能在关键时刻给予彼此最需要的支持。

适度的人际关系
如同冬日里的暖阳
照亮生活中的每一个角落
带给人温暖与力量

成年人的关系
在适度时是药
在过度时是毒

然而，当关系超越了适度的界限，

它便会如同泛滥的洪水，冲毁原本美好的一切。

过度干涉他人的生活，无节制地索取情感，只会让人陷入疲惫与厌倦。

这种关系，会慢慢侵蚀彼此的心灵，直至无法挽回。

因此，在处理关系时要把握好分寸，

既要给予关爱和支持，又要保持独立和自主。

任何一段关系中
适可而止的付出
远胜于没有底线的讨好

适可而止的付出，远胜于没有底线的讨好。
成年人的关系，需要保持一定的距离。
适度的关系让我们彼此保持独立，
让双方在相互尊重的基础上共同成长。
愿我们都能在成年人的世界里，找到那个平衡点，
让关系成为我们生活中的助力而非负担。

别人的不抢，自己的不让

【卷四】 一个人走，也无妨

别人的成功，不应该成为嫉妒或争抢的理由。

相反，应该学会欣赏他人的成就，尊重他人的努力。

看到别人取得成绩时，不妨想一想他们背后付出的汗水，

让他们的经验，成为自己成功的加速器。

要敢于追求自己的目标和梦想，要敢于争取自己的权益。

别人的成功

不应该成为

嫉妒或争抢的理由

不轻易被外界的诱惑所动摇，才能更加专注地追求自己的目标和梦想。

要尊重他人的权益和感受，不损害他人的利益，不为了短暂的享乐而放弃信念和追求。

不轻易被外界的
诱惑所动摇
才能更加专注地追求
自己的目标和梦想

别人的不抢，自己的不让。

在面对竞争和挑战时，要懂得自我约束，

不争抢别人的劳动成果，积极为自己的梦想和追求付出努力；

在面临别人的诱惑和挑衅时，

要坚守属于自己的事物，不可把自己的成就轻易让给他人。

留不住的，无须强求

生活就像一条河流，不断向前流淌，沿途的风景也在不断变化。

有些风景让我们流连忘返，有些则让我们心生遗憾。

然而，无论如何留恋，河流总会带着我们向前，

那些留不住的风景，终究只能成为回忆。

不要为了留住瞬间的美好而费尽心思。

不要为了留住
瞬间的美好
而费尽心思

有些人曾与我们共度欢乐时光，却出于各种原因渐行渐远；

有些人是我们曾深深喜欢的，却终究无法拥有；

有些东西我们曾视为珍宝，却随着时间的流逝，渐渐失去了原有的价值。

注定无法留住的人和事，就像流沙一般，无论如何紧握，终究会从指缝间溜走。

留不住的
无须强求

每个人都有
自己的路要走
强求只会让自己
疲惫不堪

走在人生的道路上，会遇到许多美好的事物，
而这些美好绝大多数是无法留住的。
每个人都有自己的路要走，强求只会让自己疲惫不堪。
珍惜那些能够留住的，用心去经营和维护。
那些终究留不住的，无须费力强求，
要放下心中的执念，看淡得失、坦然面对。

讨好，不如吸引

有时，我们为了得到他人的认可，不惜放下身段，去讨好、去迎合。

但到头来，往往换来的只是他人的轻视与不屑。

人生，何尝不是一场盛大的自我修行？

在这场修行中，为何要放低姿态，去讨好那些未必值得的人与事？

讨好，或许能换来一时的欢愉，但那种由内而外的自在与自信，却是讨好永远换不来的。

讨好

不如吸引

讨好，或许能得到短暂的欢愉，但那种欢愉，如同镜花水月，一触即碎。

而吸引，却是长久的、深沉的，如同那陈年的酒，越品越有味，越品越醇厚。

吸引，不是刻意而为的，而是自然而然发生的。

吸引，是自身的光芒，是内在的力量，无须多言，自有他人为之倾倒。

吸引是自身的光芒
是内在的力量
无须多言
自有他人为之倾倒

与其费尽心思去讨好别人，不如努力提升自己。

当自己足够优秀时，会发现，那些真正值得的人与事，早已被我们吸引过来。

真正的美好，从不是靠讨好换来的，而是靠自身的魅力与风采，自然而然地吸引来的。

讨好，终究是一场空；而吸引，却是那永恒的风景。